spot

CLIMA EXTREMO

LOS TERREMOTOS

por Anastasia Suen

AMICUS | AMICUS INK

escombros

grietas

Busca estas palabras e imágenes mientras lees.

máquina

falla geológica

El suelo tiembla.
¡Es un terremoto!

¿Ves la falla geológica?
Es una grieta en la tierra.
Cuando se mueve, el suelo tiembla.

falla geológica

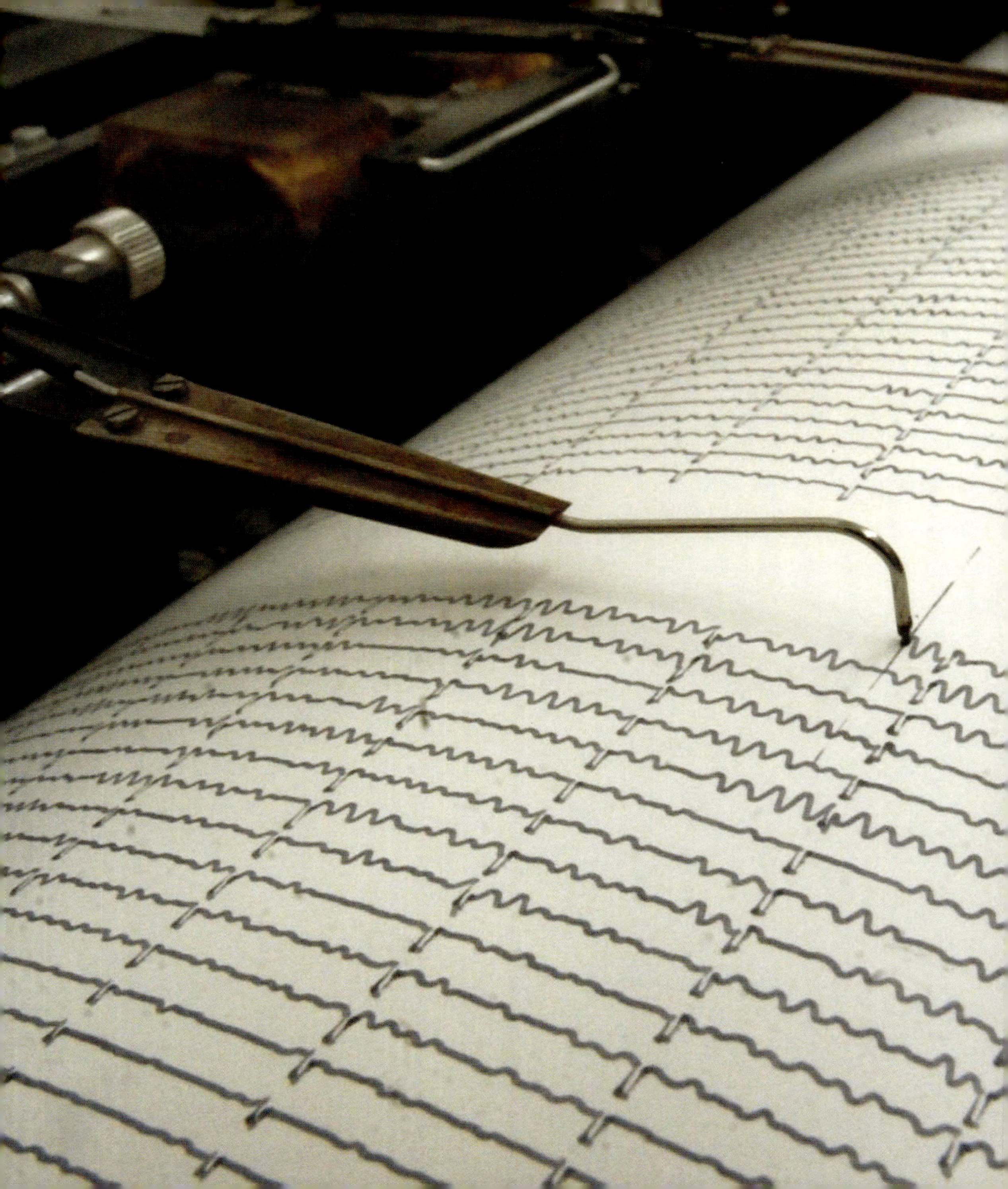

¿Ves la máquina? Los bolígrafos se mueven. Las líneas onduladas muestran el temblor.

máquina

La mayoría de los terremotos son pequeños. Algunos son grandes. Si el temblor es muy grande, se pueden romper cosas.

grietas

¿Ves las grietas? La pared se rompió cuando tembló. No es seguro.

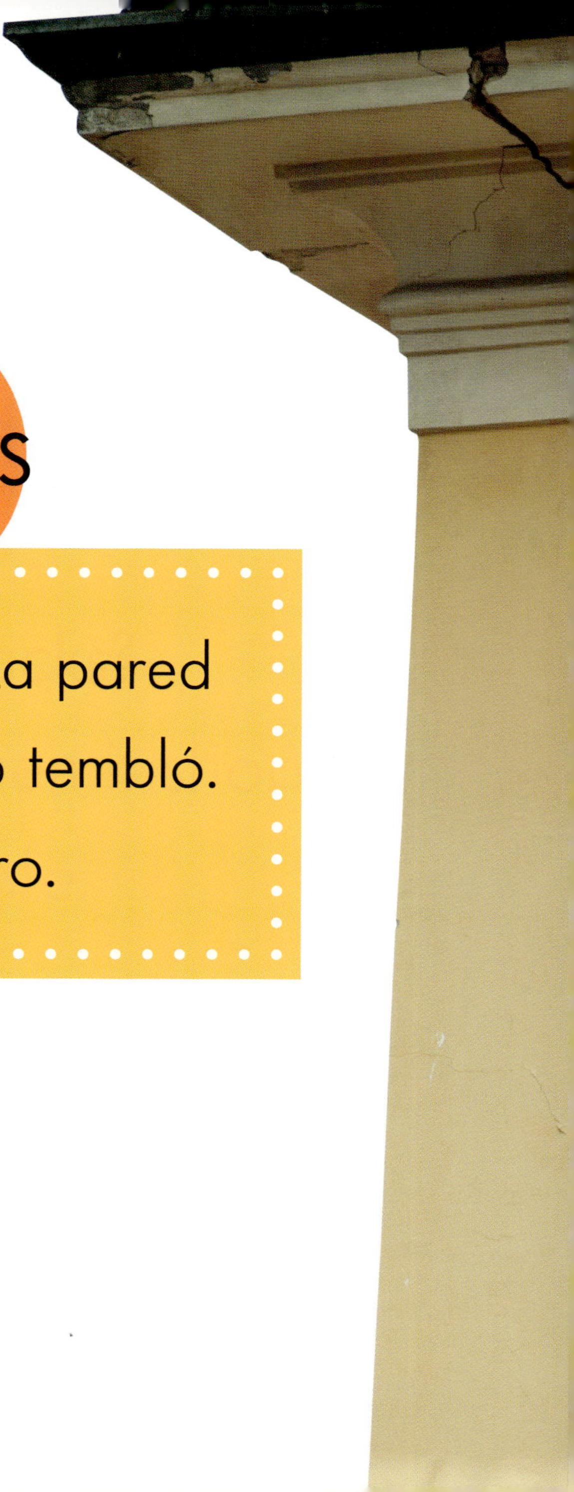

¿Ves los escombros?
La casa tembló demasiado.
Se cayó.

escombros

Los trabajadores ayudan a la gente. Ellos limpian.

escombros

grietas

¿Lo encontraste?

máquina

falla geológica

Spot es una publicación de Amicus y Amicus Ink
P.O. Box 1329, Mankato, MN 56002
www.amicuspublishing.us

Library of Congress Cataloging-in-Publication Data
Names: Suen, Anastasia, author.
Title: Los terremotos / Anastasia Suen.
Other titles: Earthquakes. Spanish
Description: Mankato : Amicus, [2021] | Series: Spot clima extremo | Audience: Ages 4-7 | Audience: Grades K-1
Identifiers: LCCN 2019051610 (print) | LCCN 2019051611 (ebook) | ISBN 9781645491958 (library binding) | ISBN 9781681527246 (paperback) | ISBN 9781645492214 (pdf)
Subjects: LCSH: Earthquakes—Juvenile literature.
Classification: LCC QE521.3 .S8418 2021 (print) | LCC QE521.3 (ebook) | DDC 551.22—dc23
LC record available at https://lccn.loc.gov/2019051610
LC ebook record available at https://lccn.loc.gov/2019051611

Impreso en los Estados Unidos de America

HC 10 9 8 7 6 5 4 3 2 1
PB 10 9 8 7 6 5 4 3 2 1

Alissa Thielges, editora
Deb Miner, diseñadora de la serie
Ciara Beitlich, diseñadora de libro
Aubrey Harper, investigación fotográfica

Créditos de las imágenes: Shutterstock/Nigel Spiers cover, 16; Alamy/Nabaraj Regmi 1; AP/John Paul Henry 3; Shutterstock/melissamn 4–5; AP/Jan-Peter Kasper 6–7; Shutterstock/amata90 8–9; iStock/Paolo74s 10–11; iStock/Björn Forenius 12–13; iStock/Konstantin_Novakovic 14–15

SPOT CLIMA EXTREMO

HAYA AÚN MÁS TEMAS DE SPOT EN
amicuspublishing.us

spot

ISBN: 978-1-68152-724-6 U.S. $7.99
50799
9 781681 527246

amicus ink

spot

BOLICHE